HISTOIRE NATURELLE AGRICOLE

DU

MOUTON.

DU PERFECTIONNEMENT DE LA LAINE.

FRAGMENTS EXTRAITS DES LEÇONS DU

Dr F.-A. POUCHET,

Professeur de Zoologie agricole à l'Ecole d'Agriculture et d'Economie rurale
du département de la Seine-Inférieure,
Membre fondateur de la Société impériale zoologique d'Acclimatation
de Paris, etc.

ROUEN

IMPRIMERIE H. RIVOIRE ET Ce, RUE SAINT-ÉTIENNE-DES-TONNELIERS, 1.

1858.

HISTOIRE NATURELLE AGRICOLE

DU

MOUTON.

DU PERFECTIONNEMENT DE LA LAINE.

FRAGMENTS EXTRAITS DES LEÇONS DU

Dr F.-A. POUCHET,

Professeur de Zoologie agricole à l'Ecole d'Agriculture et d'Economie rurale
du département de la Seine-Inférieure,
Membre fondateur de la Société impériale zoologique d'Acclimatation
de Paris, etc.

ROUEN

IMPRIMERIE H. RIVOIRE ET Ce, RUE SAINT-ÉTIENNE-DES-TONNELIERS, 1.

1858.

J'ai fait publier ces notions succinctes, qui sont extraites de mes longues leçons sur le Mouton, parce que j'ai pensé qu'elles pourraient rendre quelques services aux personnes qui s'occupent de l'amélioration des troupeaux.

HISTOIRE NATURELLE AGRICOLE

DU

MOUTON.

DU PERFECTIONNEMENT DE LA LAINE.

L'homme ne peut créer aucune espèce animale, mais, par compensation, sa puissance est immense lorsqu'il s'agit de modifier les animaux domestiques.

A volonté, il en accroît ou en diminue la taille et procrée des races géantes ou des races naines ; à son gré, il substitue de pesantes et fines toisons à la laine grossière de nos troupeaux indigènes ; ailleurs, il force la chair à se concentrer là où il veut ; sa puissance s'étend jusqu'aux parties les plus profondes de l'organisme, les os eux-mêmes ne peuvent y échapper : il en diminue ou en augmente le volume ! Plus puissant que le statuaire, qui ne façonne qu'un bloc docile à son ciseau, le génie de l'éleveur affronte la résistance vitale de l'organisme et travaille dans la chair animée, dans le sang, pour créer de nouvelles et utiles races pour les besoins de l'homme.

Il est toujours facile de perfectionner une race défectueuse. L'expérience l'a démontré jusqu'à l'évidence depuis nombre d'années, et c'est un fait incontestablement acquis à l'art agricole.

C'est en perfectionnant *par elles-mêmes* les mauvaises races que possédait anciennement l'Angleterre qu'on a doté ce royaume du plus magnifique matériel d'animaux domestiques qui existe dans aucun pays!

Beaucoup d'agriculteurs sont travaillés par le désir d'améliorer leurs troupeaux : c'est une intention bien légitime.

Mais malheureusement, souvent ils s'en occupent sans but bien arrêté, sans patience.

Aussi la plupart échouent.

Au contraire, on n'a *jamais d'insuccès* quand on suit la direction rationnelle.

Avant de commencer aucun perfectionnement, il faut :

1° Arrêter le but que l'on veut atteindre;

2° Supputer si la race que l'on veut modifier est disposée à recevoir promptement le perfectionnement désiré;

Et 3° si la localité est favorable à l'opération.

Pour améliorer une race, quelque défectueuse qu'elle soit, il ne faut à l'agriculteur qu'une qualité : *c'est une extrême persévérance.*

Il faut aussi que l'éleveur de troupeaux, après avoir strictement arrêté le but qu'il veut atteindre, marche vers lui sans la moindre hésitation et sans s'arrêter un seul instant.

En effet, on n'améliore profondément une race qu'en suivant avec persévérance une direction fixe, constante, qui trouve ses éléments dans la nature même des animaux et dans celle du climat, du sol et de ses produits.

Pour les Moutons, il y a trois sortes d'amélioration :

1° L'amélioration de la laine;

2° L'amélioration de la chair;

3° L'amélioration mixte de la chair et de la laine.

Le Bélier a généralement plus d'influence que la Brebis sur le produit de la génération. C'est à cause de cela qu'on le choisit de préférence lorsqu'il s'agit de troupeaux de métissage, la mère étant considérée comme n'ayant qu'une influence secondaire [1].

[1] *Encyclopédie d'Agriculture pratique*, t. II, p. 463.

En employant le Bélier on procède aussi plus rapidement.

La science a pu fixer avec une incontestable rectitude les régions sur lesquelles chacun des sexes agit sur le sujet que l'on veut procréer.

Le mâle agit plus particulièrement sur la toison.

Il modifie manifestement aussi l'ensemble des formes, et a une influence particulière sur les os et les chairs de la région antérieure de l'animal.

La femelle agit essentiellement sur la taille, sur les parties postérieures du corps et sur les extrémités [1].

Il faut constamment surveiller la reproduction, et la diriger vers le but désiré.

Rien n'est plus funeste aux troupeaux que la reproduction libre, elle détruit, en un temps très-court, les perfectionnements qu'on n'a obtenus qu'à l'aide de longues années.

Chaque Bélier qui possède un perfectionnement bien constaté de la laine ou de la viande, doit être livré *isolément* aux Brebis qui offrent ce même perfectionnement.

Si les Béliers sont livrés simultanément, ils se battent et la procréation est entravée.

Un Bélier peut suffire à trente ou quarante Brebis.

Dans les grandes bergeries on établit autant de compartiments que l'on a de paires de Béliers, et l'on introduit un de ceux-ci chaque jour dans un de ces compartiments ; l'autre y est mis le lendemain. Par ce procédé, ils se reposent alternativement et acquièrent de nouvelles forces.

Il faut faire saillir toutes les Brebis dans le même mois pour mieux surveiller les Agneaux.

A cet effet on choisit le moment où l'instinct de la reproduction se fait le plus généralement sentir.

En le choisissant on obtient des Agneaux plus vigoureux, et l'opération est moins chanceuse.

Si la saillie se fait à des époques trop éloignées, les Agneaux

[1] *Encyclopédie d'Agriculture pratique*, t. II, p. 164.

les plus âgés et les plus robustes prennent parfois les mamelles des mères de ceux qui sont plus jeunes, et ils les affament. Cela s'observe surtout dans quelques races perfectionnées.

Une race sur laquelle on opère acquiert bien vite un grand perfectionnement. Dans un troupeau de métissage que l'on améliore à l'aide de Béliers mérinos, à la quatrième génération le perfectionnement est parfois tel qu'il devient impossible de distinguer des véritables mérinos les Moutons métis que l'on a obtenus [1].

Mais si alors on les abandonne, en deux ou trois générations ils perdent leurs qualités acquises et reviennent à leur type primitif.

Pour que les qualités acquises soient fixes et que l'on puisse abandonner une race perfectionnée à elle-même, il faut au moins dix à douze générations.

Alors seulement, comme le disent les éleveurs allemands, *la race est fixée*.

Les anciens avaient eux-mêmes senti combien l'amélioration de la laine avait d'importance, et on les vit parfois employer les plus coûteux procédés pour y parvenir. Pline rapporte même que quelques agriculteurs romains, afin d'obtenir de plus belles toisons, tenaient constamment les Moutons habillés dans les bergeries; et que de temps à autre on les frottait avec de l'huile fine et du vin; leurs toisons étaient aussi peignées avec soin pour éviter qu'elles s'enchevêtrassent.

Les bergers d'Astracan suivent aujourd'hui des procédés analogues. Pour obtenir les peaux fines et frisées qu'on nous envoie de leur pays, ils corsent leurs jeunes Moutons dans un sarreau de toile et les trempent de temps à autre dans l'eau chaude, et ils ne les tuent que lorsque les poils se sont enroulés assez finement pour offrir un bel aspect.

Dans tous les troupeaux qu'on soumet à l'amélioration, il est indispensable de marquer les Moutons afin de savoir préci-

[1] E. Lefebvre. *Encyclopédie d'Agriculture pratique*, t. II, p. 520.

sément à quelle génération ils appartiennent, pour diriger plus sûrement les opérations du perfectionnement.

On les marque ordinairement en faisant des entailles aux oreilles.

La nature du sol doit être prise en considération lorsqu'il s'agit d'améliorer les troupeaux.

Un sol sain, sec, fertile peut se prêter à toutes les améliorations.

Le sol humide des vallées favorise surtout l'engraissement des races de boucherie.

Le sol sec un peu élevé se prête surtout à l'amélioration des laines.

La nature du climat où l'on se trouve doit avoir une haute influence sur le choix de la race qu'on veut y introduire. Columelle [1] et presque tous les agriculteurs de l'antiquité l'avaient déjà annoncé.

Le parcours des terres vagues, des landes, des bruyères et des bois offre d'immenses ressources dans les pays où la culture est peu avancée et où l'on n'élève que des races de peu de valeur.

Les troupeaux précieux, ceux à laine fine et les fortes races de boucherie, exigent une nourriture plus abondante.

Un Mouton de taille moyenne mange par jour environ quatre kilogrammes d'herbes fraîches ou un kilogramme de foin, qui est le résultat de leur dessiccation.

La nourriture fraîche est toujours plus favorable au Mouton que le foin. Aussi, à moins d'obstacles très-grands, faut-il mener chaque jour les Moutons au pâturage. Là, ils choisissent leur nourriture à leur gré, et l'exercice entretient leur santé [2].

Quand la neige et les grands froids font retenir les Moutons

[1] COLUMELLE. *De l'Agriculture*, liv. VII, p. 339.

[2] DAUBANTON. *Instruction pour les Bergers.*

à la bergerie, on les nourrit avec du foin que l'on entremêle aux racines [1].

Cette nourriture mixte entretient mieux leur santé que l'alimentation exclusivement opérée à l'aide du foin.

Dans les pays froids ou tempérés, l'hiver ou seulement la nuit, généralement, on abrite les Moutons dans des locaux appelés *bergeries*.

Il est essentiel de surveiller la construction de celles-ci, car souvent elles sont malsaines et les troupeaux y contractent de trop fréquentes maladies.

Souvent dans les campagnes, on entasse les Moutons dans des bergeries tout à fait closes et dans lesquelles l'air respirable manque.

C'est un grand tort.

On devrait persuader les cultivateurs que les Moutons possèdent une toison qui les protége admirablement contre le froid.

Cela est si vrai, que dans beaucoup de contrées de l'Angleterre, on ne renferme jamais les Moutons, on les rassemble seulement dans des cours. Là aussi, dans certains pays de montagnes où la neige tombe abondamment, les Moutons se trouvent souvent ensevelis plusieurs jours sous celle-ci sans en souffrir [2].

Les bergeries doivent être largement aérées.

Les agriculteurs progressifs l'ont parfaitement reconnu; aussi, les bergeries qu'ils font construire se rapprochent du modèle de Daubanton, qui n'est qu'une sorte de hangar abrité, seulement elles sont plus closes par le bas et laissent circuler amplement l'air dans leur région supérieure.

[1] Dans les pays où les froids rendent cette réclusion utile, on cultive à cet effet des navets, des pommes de terre, des topinambours, des carottes, des betteraves. Le gland, les châtaignes peuvent être même d'un grand secours.

[2] David Law. *Histoire naturelle agricole.— Races de la Grande-Bretagne,* page 7.

Dans beaucoup de contrées, les simples hangars ou les cours n'abriteraient pas suffisamment les troupeaux à cause des brusques changements de température.

La bergerie doit être tenue fort proprement ; c'est une condition de santé pour les Moutons : c'est à la malpropreté des bergeries qu'on doit une foule de maladies qui déciment les troupeaux.

La nourriture doit y être distribuée dans des auges et des râteliers pour éviter toute perte.

On donne divers noms aux troupeaux pour exprimer le mode d'amélioration qu'on y introduit.

J'en admets cinq espèces :

Le Troupeau de perfectionnement, le Troupeau de métissage, le Troupeau de progression, le Troupeau d'importation et le Troupeau stagnant.

1° TROUPEAU DE PERFECTIONNEMENT.

Le troupeau de perfectionnement, qu'on nomme aussi troupeau de *sélection*, est celui dans lequel on perfectionne les Moutons en alliant entre eux, dans une *direction fixe et constamment suivie, les individus de la race que l'on possède déjà.*

Cette méthode n'offre point les déceptions qu'on trouve parfois en pratiquant celles qui suivent, et son succès n'est jamais douteux; seulement on doit s'attendre à y sacrifier un temps assez long.

La plupart des races les plus distinguées de l'Europe ont été obtenues par ce moyen.

C'est en créant des troupeaux de sélection que l'Angleterre a conquis le plus admirable mobilier de bestiaux qui soit au monde. Au XVIIe siècle, la Grande-Bretagne ne possédait qu'un bétail rare et chétif, et sa pénurie était même telle qu'on y avait recours à de fréquentes importations de l'étranger, pour subvenir aux besoins des populations. Dans certains comtés on tuait même, chaque hiver, *tous* les animaux domestiques, et l'on salait leur viande pour suffire à la consommation. L'agriculture était alors trop inhabile pour subvenir à leur nourriture. Mais aujourd'hui le génie de l'homme a triomphé de l'inclémence du climat, et à des races chétives, ont succédé les plus beaux bestiaux du monde.

Il n'y a donc ni expériences à faire, ni revers à craindre.

Pour réussir il ne faut que s'astreindre à imiter docilement et patiemment nos devanciers.

La sélection est un moyen d'amélioration tellement puissant que par elle seule le célèbre éleveur anglais R. Bakewell avait doublé de moitié le poids de la chair sur ses Moutons, et en même temps diminué de moitié le volume des os.

La laine était aussi modifiée par lui avec un égal succès, par la *sélection*.

Les Béliers reproducteurs de R. Bakewell avaient même acquis de tels perfectionnements pour leur laine et leur chair que, dans les derniers temps de sa vie, en 1791, il en louait plusieurs, au prix de 25,000 fr. chacun, pour une année.

Dans les pays éloignés des grands centres agricoles de l'Europe, assurément le moyen de perfectionnement qui paraît offrir le plus d'avantage est la *sélection;* ce serait elle qu'il faudrait employer, selon moi, pour le perfectionnement des races disséminées dans les diverses contrées de l'Orient, la Perse, la haute Egypte, la Nubie, etc.

AMÉLIORATION DE LA LAINE PAR LA SÉLECTION. — Comme il est incontestablement reconnu que le *Bélier modifie plus essentiellement* la laine que la Brebis, c'est particulièrement sur lui que l'on doit compter pour arriver à un prompt perfectionnement.

Si à la finesse de la laine il réunit une taille plus élevée, cela n'en est que plus avantageux, parce que, ayant un corps plus volumineux, la peau a plus d'étendue, et par conséquent la toison devient naturellement plus pesante.

La finesse de la laine étant sa principale qualité et lui donnant la plus grande valeur sur les marchés, c'est elle qu'on doit d'abord chercher à perfectionner; la longueur vient ensuite.

Quand on veut améliorer la laine des Moutons, sous le rapport de la finesse et du poids, voici les préceptes qu'on doit suivre :

A l'apparence et au toucher, il faut choisir dans le troupeau les Béliers qui paraissent avoir la laine la plus longue et la plus fine.

Quand on a choisi préliminairement les Béliers que l'on suppose approximativement avoir une laine plus fine que les autres, par une seconde et plus attentive opération, on prend parmi eux ceux dont la laine offre bien *réellement* un moindre diamètre.

Il existe plusieurs procédés pratiques à cet effet, dont nous parlons plus bas.

On procède au choix des Brebis à l'aide des mêmes soins, et si au perfectionnement de la finesse de la laine, celle-ci réunit l'élévation de la taille, cela n'en est que mieux, la Brebis l'influençant essentiellement.

Quand, dans le troupeau, les individus mâles et femelles au lainage plus fin ont été bien choisis, on les sépare du troupeau, on les séquestre et on les fait procréer ensemble.

Les Agneaux qui naissent de ce rapprochement ont déjà une toison plus fine que celle du troupeau dont ils proviennent, et parmi eux il en est qui l'ont même plus belle que leurs parents.

On marque tous les individus provenant de cette première génération, afin de ne pas les confondre avec les autres individus du même troupeau.

Ensuite, quand cette première génération est parvenue à

l'âge de la reproduction, à l'aide des précautions déjà énumérées, on choisit parmi elle les Béliers et les Brebis au plus fin lainage, et on les fait procréer ensemble.

La seconde génération que l'on obtient a déjà un lainage évidemment plus fin que le troupeau dont elle est issue.

En continuant le même procédé, la laine s'améliore de plus en plus ; mais il est essentiel, même quand celle-ci a acquis une grande finesse, de ne pas discontinuer de surveiller sa procréation, car un troupeau perfectionné qu'on abandonne à lui-même revient bientôt à son type primitif et perd toutes ses qualités acquises.

PERFECTIONNEMENT DE LA CHAIR PAR LA SÉLECTION. — Par le moyen de la sélection ou perfectionnement d'une race par elle-même, on parvient aussi très-facilement à élever la taille des Moutons et à augmenter le poids de leur chair.

Le procédé est facile et consiste tout simplement à unir ensemble, pendant une succession de générations, les Béliers et les Brebis qui, dans le troupeau, offrent une taille plus élevée et des chairs plus développées.

Chaque génération obtenue, on choisit parmi elle les produits qui offrent, à un point plus marqué, le perfectionnement que l'on veut atteindre et on les réunit.

C'est absolument le même procédé que pour la laine, mais sa pratique demande beaucoup moins de précautions.

Les éleveurs sont même arrivés, avec des soins assidus, à augmenter le poids de la viande d'une façon très-notable dans les régions où elle a plus de valeur.

A cet effet, ils cherchaient et alliaient ensemble les individus du troupeau qui présentaient déjà une tendance au perfectionnement désiré.

Des éleveurs anglais sont même parvenus au même résultat par des moyens tout à fait artificiels. Ils attiraient le sang et la vie dans les régions telles que les cuisses, les épaules et le dos, à l'aide de frictions longtemps répétées sur ces parties, ou en y entretenant de la chaleur à l'aide de morceaux de laine ou de lotions d'eau chaude.

Par la sélection, on peut obtenir des races qui acquièrent un embonpoint extrême ; mais il faut se pénétrer que, lorsque la race a acquis, par ce moyen, un volume extraordinaire, sa toison devient moins fournie.

Alors la laine tombe et se disperse ; effet qui paraît dû à la grande quantité de graisse accumulée sous la peau et qui sépare celle-ci des chairs ; la peau recevant alors moins de sang perd en partie sa puissance vitale.

PERFECTIONNEMENT SIMULTANÉ DE LA LAINE ET DE LA CHAIR PAR LA SÉLECTION. — C'est par la seule puissance de la sélection qu'on a créé, en Angleterre, la belle race de Dishley, remarquable par la finesse et la longueur de sa laine, ainsi que par sa taille et sa disposition à prendre très-jeune de la graisse.

Mais quand on poursuit deux sortes de perfectionnements à la fois, le travail offre beaucoup plus de difficultés ; il vaut mieux n'en essayer qu'un et regarder l'autre comme accessoire. Ainsi, à l'égard de la race dont nous venons de parler, on a eu surtout en vue de la transformer en race de boucherie, et elle forme la plus remarquable que l'on connaisse. Avec des os extrêmement amoindris, elle offre une extraordinaire quantité de chair, et sa tendance à s'accroître et à s'engraisser est telle qu'à quinze mois on la livre déjà à la boucherie.

Nous devons dire, en terminant ce chapitre sur la sélection, que ce n'est qu'à l'aide d'un certain nombre d'années que l'on modifie par elle un troupeau ; mais que, si l'on est longtemps pour compléter l'œuvre, au moins on voit que chaque année lui donne en somme une certaine valeur.

2° TROUPEAU D'IMPORTATION.

On donne ce nom aux troupeaux que l'on tire de l'étranger pour en enrichir un autre pays : c'est ainsi qu'on a fait venir en France des troupeaux de Mérinos d'Espagne, à cause de la finesse de leur laine, ou des troupeaux de Dishley, en Angleterre, si remarquables par leur facilité à s'engraisser, et aussi par la beauté de leur toison.

Mais l'importation d'un troupeau étranger est extrêmement onéreuse, aussi ce sont presque toujours les gouvernements seuls qui ont réalisé cette difficile entreprise. Tous les souverains qui ont gouverné leurs Etats avec éclat en ont senti l'importance. Sous Louis XIV, Colbert avait déjà émis le projet d'importer chez nous des Mérinos d'Espagne, mais ce ne fut que Louis XVI qui, le premier, réalisa ce projet. Par l'ordre de Napoléon Ier, on en introduisit beaucoup en France. Frédéric le Grand et Georges III en firent aussi importer dans leurs Etats.

L'importation réclame un assez grand nombre de précautions. Il faut, pour qu'elle réussisse, qu'il y ait analogie entre le climat d'où on extrait les Moutons et celui qu'on se propose de leur faire habiter. Les voyages sont onéreux. Le troupeau de Mérinos que Louis XVI tira d'Espagne ne parvint à Paris qu'après un temps assez long et non sans avoir éprouvé d'assez grandes difficultés. Arrivé à sa destination, on crut un moment que la maladie allait l'emporter en entier, et ce ne fut qu'après plusieurs années qu'il parvint à nous enrichir réellement et à se répandre en France.

Cependant on doit avouer que si l'importation entraîne de grandes dépenses, c'est le procédé le plus rapide. Souvent même, quand on a choisi la localité avec discernement, les races importées acquièrent de nouveaux perfectionnements dans le pays où on les a amenées. La laine des Mérinos d'Espagne s'est perfectionnée en Saxe, en France; et ceux de ces Moutons enlevés de la Saxe et qu'on a transportés en Australie y ont encore acquis de nouvelles qualités.

Le transport des Mérinos, couronné de succès en France, en Saxe, en Australie, en Tasmanie et à la Nouvelle-Zélande, rend certain qu'il serait également possible de les introduire dans toutes les contrées situées dans les latitudes de ces divers pays, en choisissant des plateaux ou des vallées fertiles qui, par leur élévation, correspondraient à la température de notre climat ou à celles des autres régions où la race réussit.

La dissémination géographique des Mérinos démontre que, dans les latitudes septentrionales, c'est principalement entre les 36e et 50e parallèles qu'ils se sont propagés avec le plus de succès. Dans l'hémisphère austral, leur importation a admirablement réussi, dans des latitudes à peu près semblables; c'est ce qui a eu lieu en Australie, d'où, en 1832, la seule Nouvelle-Galle du Sud envoyait 1,593,142 kilogrammes de laine fine à l'Angleterre.

Ainsi donc, dans les pays de l'hémisphère septentrional ou austral, qui se trouvent sous les mêmes latitudes, et où l'on peut trouver de bons et secs pâturages, on peut assurément espérer d'y transporter et d'y perfectionner aussi des Mérinos. Ce serait le cas de la Perse, de la Turquie d'Asie, du Turkestan, etc.

En Saxe, on ne s'est attaché qu'à perfectionner la laine des Mérinos qui y avaient été importés. Aussi, les laines de ce pays sont-elles devenues beaucoup plus fines que celles des Mérinos d'Espagne. Pour certains tissus, aucune laine ne peut même entrer en concurrence avec elles.

En France, on s'est attaché à la fois à perfectionner la laine des Mérinos, mais aussi à leur donner plus de force pour en développer la viande.

Dans plusieurs régions méridionales de l'Espagne, soit qu'on ait reconnu que la chaleur nuisait à la finesse de la laine, soit qu'il y ait convenance à changer de pâturages, pendant l'été, on fait voyager les Moutons en les dirigeant vers les contrées froides du pays, et on ne les ramène vers le sud qu'aux approches de l'hiver. A cet effet, on leur fait parcourir annuellement un trajet d'environ cent soixante lieues.

Chaque marche dure environ six semaines, de manière que l'on peut dire que les Mérinos d'Espagne voyagent annuellement pendant le quart de l'année.

Cette vie nomade contribue peut-être à la facilité avec laquelle on transporte au loin cette race.

Le nombre des Moutons nomades en Espagne, est d'environ 10,000,000. Ils accomplissent souvent leur voyage par troupes de 1,000. Chaque troupeau est conduit par un berger en chef ou *Mayoral* qui est accompagné de plusieurs serviteurs, de mulets et d'ânes pour porter les objets de campement. Des chiens de forte race marchent à l'arrière du troupeau pour ramasser les Moutons traînards et éloigner les loups qui suivent parfois l'émigration.

De place en place, sur les routes que parcourent ordinairement les Moutons voyageurs, s'élèvent des *maisons de tontes* ou *Esquileos*, dans lesquelles, lorsque le besoin l'exige, plus de 1,000 Moutons peuvent être tondus chaque jour.

On compte que l'Espagne, pour les soins qu'exigent les seuls voyages de ses Moutons nomades, n'emploie pas moins de 50,000 bergers et de 30,000 chiens.

Les Mérinos occupent le premier rang parmi les races qu'on doit rechercher; leur toison étant moitié plus pesante et beaucoup plus fine que celle de nos Moutons indigènes.

Lorsque la supériorité de la laine des Mérinos fut bien établie, après les dédains qui avaient au début accueilli ces Moutons, vint l'enthousiasme : on les accapara avec ardeur, et les premiers éleveurs firent de grands bénéfices.

Aujourd'hui, leur produit s'est régularisé comme celui des autres espèces domestiques, et, ainsi que le dit M. Dombasle, on ne doit plus les considérer actuellement que comme des machines animées, dont la fonction est de donner de la valeur aux productions que l'agriculture ne pourrait utiliser plus avantageusement.

3° TROUPEAU DE MÉTISSAGE.

On appelle troupeau de métissage celui que l'on améliore à l'aide de Béliers d'une qualité supérieure.

Ce fut au naturaliste Daubenton que l'on dut l'idée de perfectionner les races par le métissage, en employant seulement les Béliers.

Voici comment on procède pour transformer un troupeau commun en troupeau fin, par le métissage.

Si l'on s'attache à perfectionner seulement la laine, on choisit un Bélier mérinos et on l'unit avec les Brebis dont la toison semble moins inférieure. A la première génération déjà la laine est un peu perfectionnée; on abandonne les mâles et on marque avec soin les jeunes Brebis qu'on a obtenues.

Quand elles ont l'âge de la reproduction, on les unit encore avec un Bélier mérinos. Cette seconde génération est manifestement perfectionnée.

Déjà, à la quatrième génération, les Moutons ont perdu le caractère de leur race; ils ressemblent absolument à celle de leur père et présentent tous les caractères des vrais Mérinos.

Mais alors la race n'est pas *fixée*, et il ne faut pas s'arrêter là. En suivant toujours le même procédé, il faut atteindre la douzième génération; ce n'est qu'alors qu'on peut laisser procréer entre eux les produits obtenus.

Si l'on remarque ensuite quelque dégénérescence, on réintroduit des Béliers mérinos purs dans le troupeau, c'est ce que l'on appelle *rafraîchir le sang*.

Quand, au bout de plusieurs années, les Béliers mérinos purs sont épuisés, on les renouvelle.

Afin d'opérer plus rapidement, on introduit plusieurs Béliers dans le troupeau commun à transmuer en troupeau de Mérinos.

On s'applique aussi à bien marquer les Brebis, afin de toujours choisir parmi elles celles qui appartiennent à la dernière procréation.

Enfin, à mesure que les Métis se multiplient dans le troupeau en transformation, on expulse tous les Moutons de race défectueuse.

4° TROUPEAU DE PROGRESSION.

On nomme ainsi le troupeau que l'on transforme en y introduisant *à la fois* des Béliers et des Brebis d'une race d'élite que l'on fait procréer ensemble pour les substituer au troupeau commun, et dont les descendants, qui jouissent par conséquent de toutes leurs qualités, sont également abandonnés à eux-mêmes.

Successivement, la race de prix remplace ainsi la race commune, que l'on expulse à mesure que la première se multiplie.

On voit que ce troupeau diffère seulement du troupeau de métissage en ce que, dans ce dernier, on n'introduit que des Béliers, tandis que pour la progression on procède avec le concours simultané des deux sexes.

Le troupeau de progression et celui de métissage mettent à peu près le même temps à se substituer au troupeau commun.

C'est toujours une opération longue, pour arriver à une transformation complète du troupeau; mais, comme nous l'avons dit, si le résultat est lent, chaque jour l'œuvre de l'éleveur donne un prix de plus en plus considérable à son bétail et accroît son revenu.

5° TROUPEAU STAGNANT.

Le troupeau stagnant est le troupeau commun inhérent à toutes les localités dans lesquelles la reproduction est abandonnée à elle-même, et où les animaux ne sont l'objet d'aucun soin rationnel.

Ce troupeau est celui qui appelle les améliorations dont nous venons de tracer les préceptes.

Il produit peu, mauvaise laine et appauvrissement de la chair; mais aussi il n'est souvent l'objet de presque aucune dépense.

Dans quelques localités dont le sol pauvre ne pourrait suffire aux races perfectionnées qui, généralement, consomment plus que les autres, il faut encore conserver les races chétives.

Là elles fournissent quelques services proportionnels à l'état arriéré de l'agriculture.

NOTIONS SUR LA LAINE.

Il est indispensable, pour procéder habilement à l'amélioration des troupeaux, d'avoir quelques notions élémentaires sur la disposition et la structure des poils qui forment leur toison.

La toison des Moutons est composée de deux sortes de poils : les poils laineux où *la laine,* qui lui donnent toute sa valeur, et les poils proprement dits ou *le jarre*, qui en diminuent la qualité.

Dans nos races domestiques la toison est presque entièrement formée de laine, mais dans les races sauvages ou dans celles qui sont peu soignées, le jarre en compose la partie dominante. On attribue à l'influence de la tonte la disparition de celui-ci parmi nos troupeaux. Dans plusieurs races, c'est surtout à la face qu'on trouve du poil, et sur les autres parties du corps on n'en rencontre que peu de mélangé à la laine.

Une toison a d'autant plus de prix qu'elle contient moins de poils jarreux.

La longueur de la laine varie généralement de 5 à 18 centimètres. Ce sont les Moutons de plaines qui l'ont plus longue, et ce sont les races de montagne et des Dunes qui offrent celle de moindre dimension.

La finesse de la laine n'offre pas moins de différence que sa longueur, selon les races dont elle provient.

Avec de l'habitude, en s'aidant des yeux et du toucher, on parvient facilement à discerner la finesse de la laine. Ceux qui classent par qualité la laine des différentes régions des toisons, n'employent pas d'autres moyens. Et leur tact est si perfectionné qu'en Angleterre, dans une toison, un ouvrier exercé distingue de six à dix qualités de laine et parfois plus.

Ainsi donc, *par le seul emploi de ses sens, l'éleveur de Mou-*

tons peut discerner la finesse de la laine et diriger son perfectionnement.

Cependant il peut s'aider aussi d'un *simple verre grossissant*, pour procéder avec plus d'exactitude encore.

La finesse de la laine permet seule au manufacturier de donner aux fils qui sortent de ses ateliers la ténuité désirable pour la fabrication des beaux tissus, et lorsque celui-ci possède des mécaniques perfectionnées, il obtient des résultats vraiment prodigieux. Un kilogramme de laine fournit souvent 27 à 30,000 mètres de fil ; mais cette longueur peut être infiniment dépassée lorsque la toison est superfine. On a obtenu des résultats bien autrement remarquables avec une livre de laine d'un Mouton élevé par l'illustre naturaliste J. Banks, qui a tant perfectionné l'art agricole en Angleterre : une femme en a tiré 153,599 mètres de fil [1], résultat qui tient du prodige ; plus de 38 lieues, c'est à dire presque la distance de Paris à la mer !

Il est extrêmement probable que, dans l'origine, la laine des Moutons était de couleur foncée, et que ce n'est que par une domestication prolongée qu'elle a pris la teinte blanche qu'elle présente dans nos contrées tempérées. En cela, elle a suivi ce qui se manifeste dans beaucoup de races qui, accaparées par l'homme, tendent constamment vers la coloration blanche.

Anciennement, les Mérinos avaient probablement leur laine noire ; au moins, nous savons que les auteurs romains qui parlent de la beauté de la laine d'Espagne, qui était fort estimée chez eux, la décrivent comme étant de cette couleur. Pline le jeune et Strabon nous apprennent, en effet, que la laine la plus recherchée pour les vêtements de luxe des Romains était noire et provenait de *Truditanie* [2]. Celle de la Bétique, à ce que dit Pline, était rouge.

[1] D. Law. *Histoire naturelle agricole. — Races de la Grande-Bretagne*, page 109. — C'est une livre anglaise ou 453 grammes.

[2] D. Law. *Histoire naturelle agricole. — Mouton*, page 74.

Dans les pays où la reproduction n'est pas surveillée, la toison des Moutons offre des couleurs fort variées ; on en observe de noires, de fauves, de brunes, de rouges, de blanches, et beaucoup de Moutons offrent même à la fois un mélange de deux ou de trois couleurs. Cela m'a frappé pendant mes voyages en Orient, où de loin un troupeau en marche a réellement l'apparence d'une mosaïque informe et vivante.

La couleur du Mouton sauvage est fauve, et par nos soins sa toison est devenue d'un blanc très-légèrement jaunâtre.

La couleur blanche doit être la seule recherchée, étant celle qui se prête le mieux à toutes les nuances de la teinture.

On ramène facilement au blanc la toison bigarrée de certains troupeaux. Pour cela, on unit successivement ensemble les Béliers et les Brebis dont la teinte se rapproche le plus du blanc, ou ceux qui ont de plus larges plaques de blanc sur leur toison bigarrée.

Peu de générations suffisent pour atteindre ce but.

Sous nos latitudes, en général, la laine des Moutons se renouvelle chaque année, et c'est vers le commencement de l'été que tombe la laine de l'année qui a précédé.

C'est à cause de cela, et parce qu'à cette époque la laine a acquis toute sa longueur, que l'on procède alors à la tonte des Moutons, afin de prévenir la déperdition de leur toison.

Nous l'avons dit, lorsque l'on s'est exercé suffisamment, la vue seule et le toucher peuvent suffire pour le choix de la laine et diriger le perfectionnement d'un troupeau ; mais si l'on veut pousser très-loin son œuvre et atteindre des résultats inaccoutumés, on peut s'aider des instruments d'optique.

Ces instruments sont les loupes ; les microscopes et les ériomètres.

A l'aide de ceux-ci, on reconnaît que chaque brin de laine prend naissance dans un follicule ou espèce de petit sac qui traverse la peau et repose sur le tissu cellulaire situé au-dessous d'elle. Le fond de ce petit sac, qui est percé, reçoit des filets nerveux et des vaisseaux sanguins, et ce sont ces derniers qui secrètent la laine qui pousse d'une façon continue.

La laine se distingue des poils proprement dits par son développement spiral et sa tendance à se friser, puis par sa douceur, sa flexibilité, et surtout par la propriété qui lui est particulière de rapprocher, de condenser et de faire adhérer fortement ses filaments sous la double influence de l'eau et et de la pression.

Lorsqu'on examine la laine au microscope, on reconnaît que chaque brin est homogène et ne renferme pas de cavité aérifère; sa surface semble hérissée d'écailles inégales appliquées en recouvrement de bas en haut, et qui ne sont formées que par les bords d'espèces de petits cônes creux ou de petits entonnoirs qui s'emboîtent et sont disposés les uns au-dessus des autres. C'est le bord de chacun de ceux-ci, découpé irrégulièrement, qui forme à la surface du brin de laine les lignes onduleuses qui le traversent et lui donnent l'apparence écailleuse [1].

Il résulte de là que lorsqu'on observe un brin de laine au microscope, ses bords paraissent denticulés comme une fine scie. C'est à cette disposition organique que la laine doit la remarquable propriété, dont nous venons de parler, de s'enchevêtrer par le foulage, et d'augmenter peu à peu la force et la densité des tissus. Propriété qui est si notable, qu'à l'aide seulement de cette opération, on fabrique de gros draps qui n'ont aucun fil pour base et dont la résistance ne dérive que de l'unique adhérence des brins de laine entre eux; avec ces étoffes on fait des vêtements d'hommes, des couvertures, des tentes, etc.

[1] Compulsez Dujardin, *Observations au microscope*. Paris, 1843, p. 118. Pouchet, *Zoologie classique*. Paris, 1841, tome 1, pages 20-215.

A l'aide du microscope, on fixe, quand on le veut, le diamètre de la laine avec une précision qui tient du prodige. La science moderne possède des micromètres qui divisent un millimètre en dix mille parties.

Nous avons dit qu'une précision aussi extrême était inutile à l'agriculture pratique. Les sens ou une simple loupe lui suffisent. Cependant, on a exécuté à son intention divers instruments particuliers pour mesurer la laine ; ces instruments, auxquels on a donné le nom d'*ériomètres*, sont d'un emploi assez difficile pour les personnes peu exercées. MM. Ch. Chevalier, Lerebourg et Yong en ont construit.

Le moyen que je conseillerais aujourd'hui pour des expériences de précision, serait simplement un bon microscope avec un oculaire micrométrique.

La finesse de la laine présente d'assez notables différences. Au microscope, on reconnaît que son diamètre varie de 2/100es à 5/100es de millimètre.

Les laines ordinaires sont souvent épaisses de 4/100es de millimètre. Ce sont celles que l'on rencontre sur les races communes.

Les laines fines, celles qui n'offrent que 2/100es de millimètres et quelquefois moins, proviennent des Mérinos.

La structure des poils jarreux diffère essentiellement de celle de la laine. Ils sont formés de cylindres lisses à l'extérieur et dont l'intérieur offre un canal contenant une substance huileuse colorante. Ces poils ne sont point formés de cônes emboîtés, et sont les analogues de nos cheveux.

FIN.

www.ingramcontent.com/pod-product-compliance
Ingram Content Group UK Ltd.
Pitfield, Milton Keynes, MK11 3LW, UK
UKHW020407250726
13967UKWH00006B/2520